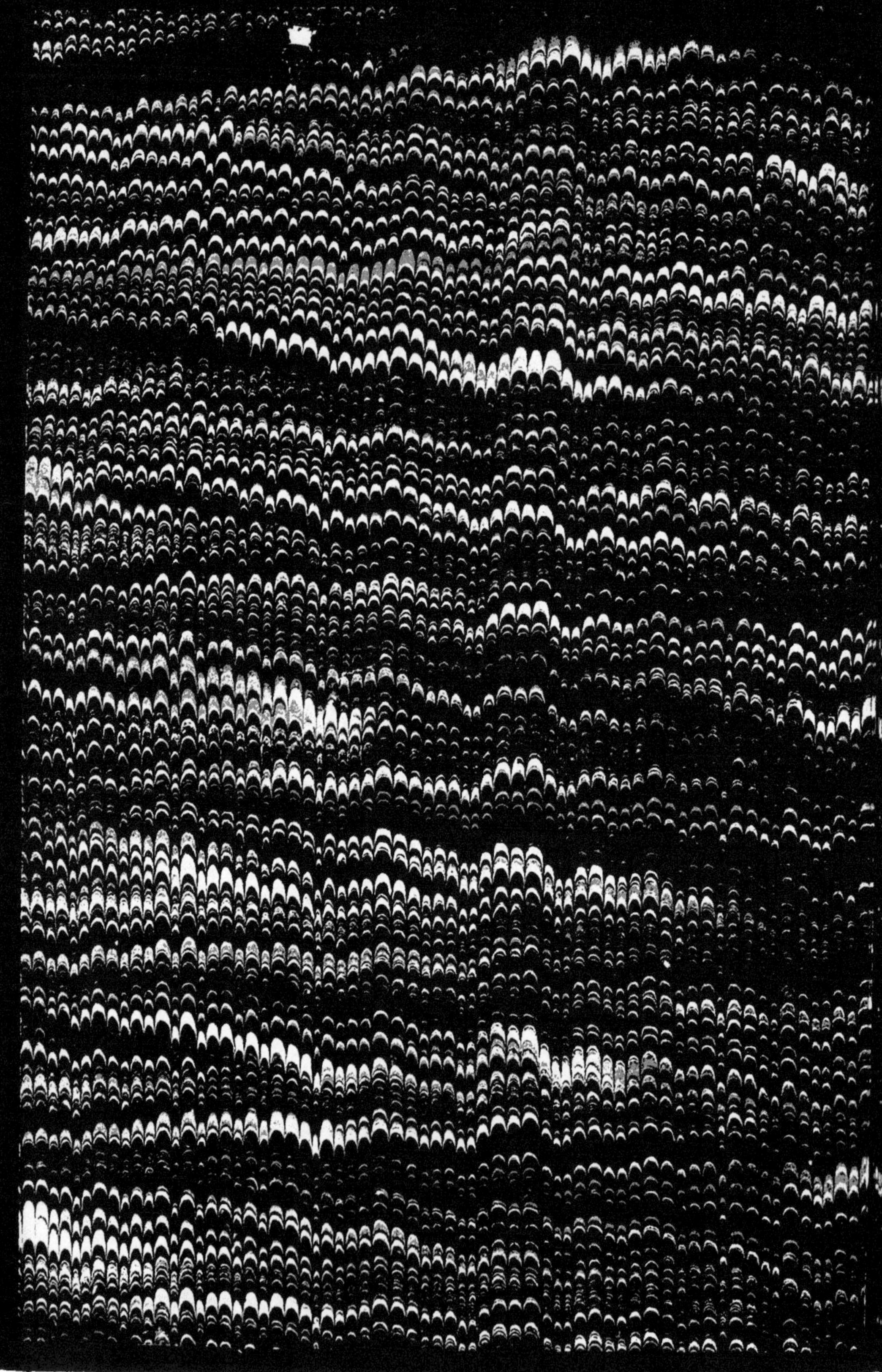

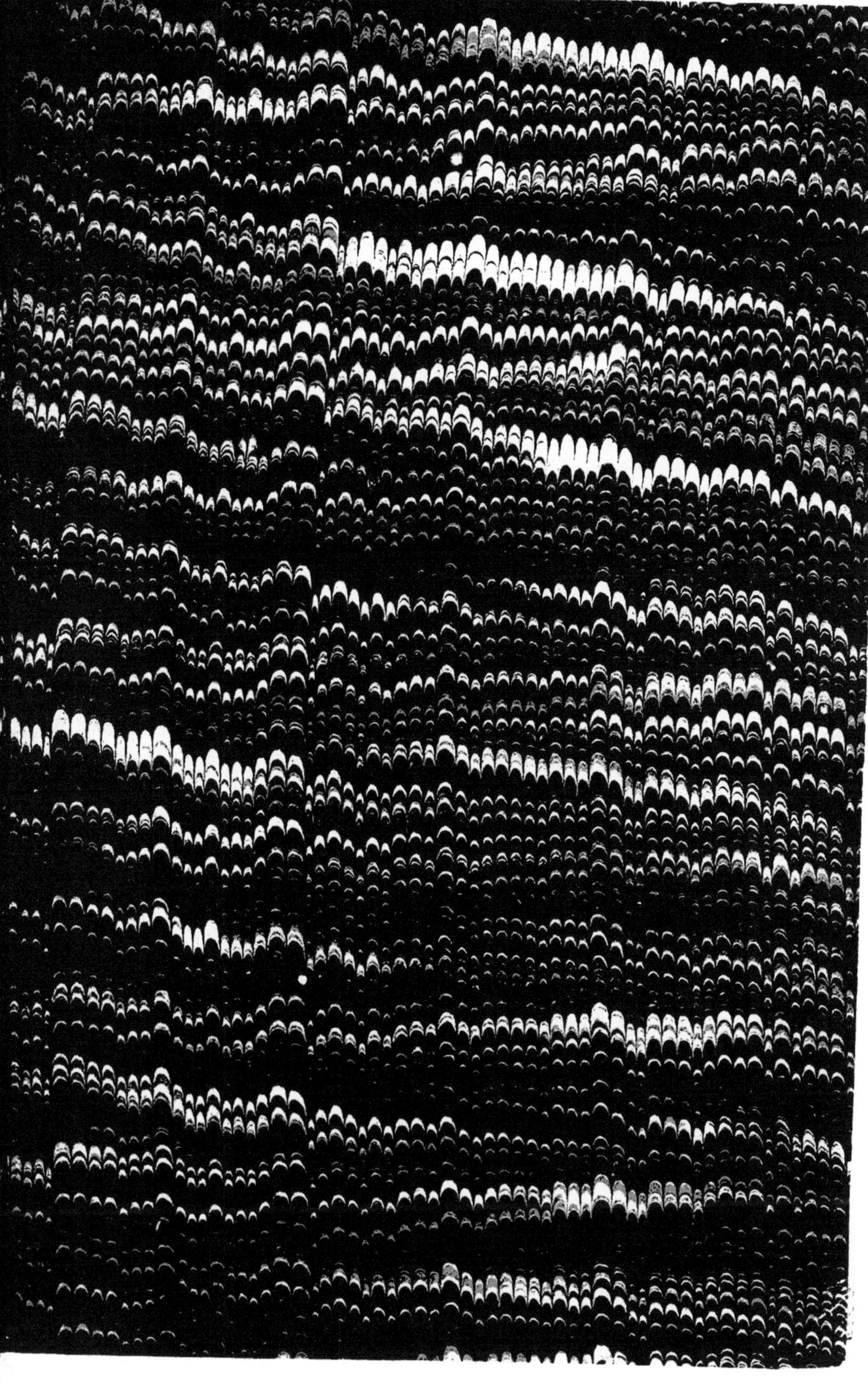

NOUVELLE

ICONOGRAPHIE DES CAMELLIAS.

Gand, Imp. et Lith. de C. Annoot-Braeckman.

NOUVELLE ICONOGRAPHIE

DES CAMELLIAS

CONTENANT

LES FIGURES ET LA DESCRIPTION

DES PLUS RARES, DES PLUS NOUVELLES ET DES PLUS BELLES
VARIÉTÉS DE CE GENRE.

1859.

GAND,
CHEZ L'EDITEUR AMBROISE VERSCHAFFELT, FILS,
HORTICULTEUR, RUE DU CHAUME, 50.

Camellia Ugo Foscolo.

CAMELLIA

UGO FOSCOLO.

Nous avons reçu ce Camellia dans l'automne de 1857; et au printemps de 1858 nous avons eu le plaisir de le voir luxurieusement fleurir dans notre établissement et de nous assurer du mérite de ses fleurs, que nous avait d'ailleurs garanti notre honorable cédant, M. César Franchetti, de Florence.

Le port en est élégant, pyramidal; le feuillage moyen, d'un beau vert. Ses fleurs, de grandeur au-dessus de la moyenne (10 cent. de diam. environ), d'un beau rose, un peu cramoisi vers le centre, se composent de très nombreux pétales ovales au centre, arrondis à la circonférence, à peine lobulés, serrés et imbriqués avec toute la régularité désirable.

Les amateurs judicieux lui feront sans doute place dans leur collection.

Camellia Duchesse de Brabant.

CAMELLIA

DUCHESSE DE BRABANT.

Née dans notre établissement par un jeu de la nature sur une branche du Camellia *Marquise Elise* et greffée immédiatement par nos soins, cette variété s'est montrée absolument constante, et cette année nous en avons fait exécuter la figure ci-contre, dont nous pouvons garantir l'exactitude.

Nous aimons à penser que son mérite floral n'est trop au-dessous du nom auguste que nous lui avons donné et que ratifieront, nous l'espérons du moins, tous les amateurs qui l'examineront. Elle offre toutes les qualités exigées dans ce genre, port élégant, beau feuillage, floraison abondante et facile, imbrication parfaite, coloris distingué, fond blanc, teinté délicatement de rose tendre et comme carminé au centre et à la base des pétales. Nous n'exagérions rien, sans doute, en le présentant aux amateurs comme étant de premier ordre !

Camellia Vincento Carducci

CAMELLIA

VINCENTO CARDUCCI.

Une telle variété, ainsi qu'on en peut juger par la belle et exacte figure ci-jointe, n'a pas besoin d'apologie : elle se recommande d'elle-même au choix des amateurs les plus difficiles.

Nous l'avons reçue d'Italie, dans l'automne de 1857, et depuis deux printemps elle a développé avec autant d'abondance que de facilité ses très grandes fleurs d'un rose carminé vif uniforme et de plus de dix centimètres de diamètre, formés d'innombrables pétales ovales, remarquablement échancrés au sommet et pressés-imbriqués avec la plus stricte régularité. C'est en somme, et sans conteste, un superbe Camellia.

Camellia Vittoria Pisani

CAMELLIA

VITTORIA PISANI.

C'est encore, sous le rapport de la forme, dite *Perfection*, un Camellia incontestablement irréprochable, et de plus charmant, si l'on tient compte de son riche et frais coloris rose vif, carminé, et des larges fascies d'un blanc pur dont il est orné.

Nous l'avons reçu, en compagnie du précédent, et à la même époque. Depuis, il nous a fleuri avec une luxuriance, une facilité vraiment remarquables, et telle, que nous pouvons de confiance le recommander aux amateurs. Du reste, l'exacte figure, annexée ci-contre, en dira plus que nos paroles.

Les fleurs en sont de grandeur au-dessus de la moyenne et composées de nombreux pétales ovés-arrondis, plus ou moins entiers, imbriqués avec toute la perfection désirable. Le port et le feuillage en sont particulièrement élégants.

Camellia bella Toscana

CAMELLIA.

BELLA TOSCANA.

Des fleurs d'une grandeur au-dessus de la moyenne (près de 0,10 de diamètre), d'un beau rouge cerise vif, formées de nombreux pétales arrondis, à peine échancrés au sommet, et imbriqués avec la plus parfaite régularité ; au centre un cœur rosiforme composé de pétales à peine plus petits que ceux de la circonférence, mais ovales, entiers et subdressés, tels sont les traits qui distinguent cette belle variété, qui devra prendre rang parmi les plus distinguées de la catégorie des *Perfections*.

Nous l'avons reçue dans ces dernières années de l'un de nos correspondants italiens, et chaque printemps depuis nous avons eu occasion de nous assurer de sa *bonne tenue*, de sa floraison abondante et facile.

Camellia Duc de Caraman

CAMELLIA

DUC DE CARAMAN.

Nous devons la communication de ce Camellia à notre honorable correspondant lilois, M. Miellez, qui nous l'a adressé, il y a deux ou trois ans, et qui lui-même l'avait probablement reçu d'Italie.

La figure ci-contre, faite comme la presque généralité des planches de ce recueil, dans notre établissement et sous nos yeux, et c'est en affirmer l'exactitude, désigne d'un coup-d'œil au lecteur les mérites qui le distinguent et le rangent parmi les plus belles variétés de ce genre.

Ses fleurs, en effet de dix centimètres au moins de diamètre, d'une facture imbricative irréprochable sont formées d'amples pétales ovés, étalés, convexes, presque entiers, un peu chiffonnés-serrés au centre; tous d'un beau rose vif, avec chacun une large strie longitudinale blanche. Beau port; feuillage élégant; floraison abondante et facile.

Camellia Myrtifolia elegans.

CAMELLIA

MYRTIFLORA ELEGANS.

Cette variété à laquelle, certes, on ne contestera pas le mérite d'être une *Perfection*, nous a été envoyée dans l'automne de 1857 par notre zélé correspondant florentin, M. César Franchetti, et nous avons pu juger de sa beauté, par les nombreuses fleurs qu'elle nous a données au printemps de 1858 et de 1859.

Ces fleurs, ainsi qu'on peut en juger par la figure annexée ci-contre, sont presque de première grandeur, d'un beau rose uniforme, et composées de nombreux et amples pétales ovés-arrondis, imbriquées avec toute la régularité désirable. Le port, le feuillage, le nombre de fleurs et la facilité de leur épanouissement nous paraissent répondre aux exigences des amateurs les plus difficiles.

Camellia Luisa Bussola

CAMELLIA

LUISA BUSSOLA.

Grâce inimitable, coloris tendre, délicat et varié, imbrication parfaite ! Ce sont là les qualités qui distinguent à un haut degré la charmante variété dont il s'agit, et qui nous a été également envoyée d'Italie, dans ces derniers temps. Nous ne doutons pas un instant que les véritables amateurs ne s'empressent d'énoncer leur collection.

Ses fleurs, de grandeur moyenne, sont formées d'amples pétales ovés-arrondis, d'un rose tendre, virginal ; une large bande blanche les traverse longitudinalement, tandis que çà et là quelques stries cramoisies en panachent le fond rosé. Port élégant : floraison copieuse, épanouissement facile, tout concourt à faire de cette plante, l'une des plus jolies variétés que l'on connaisse.

Camellia Gaspara Stampa

CAMELLIA.

GASPARA STAMPA.

Reçue au printemps de 1857 de M. Luzzati, de Florence, cette variété nous fleurit les deux années suivantes avec autant de luxuriance que de facilité, et nous jugeâmes qu'elle méritait bien les honneurs d'une *illustration* iconographique, et nous pensons que les amateurs seront de notre avis.

Ses fleurs, qui ont près de dix centimètres de diamètre appartiennent aux *Perfections* par l'imbrication régulière de ses pétales. Ceux-ci d'un beau rose vif, sont amples, largement arrondis, avec une faible échancrure au sommet, et tout traversés longitudinalement chacun par une large fascie blanche régulière. L'abrisseau a par lui-même un port élégant et un beau feuillage.

Camellia Rosmunda

CAMELLIA

ROSMUNDA.

Arrivé à la même époque et de la même maison que le précédent, le Camellia, dont il est ici question, est, et personne ne nous contredira sans doute, nonseulement l'un des plus beaux *blancs* qui existent, mais l'un des plus beaux, des plus remarquables parmi *les Perfections*, parmi lesquelles il occupera de droit le premier rang. Pour notre compte, nous serions embarassé pour en citer un qui l'emportât sur lui pour l'élégance et l'irréprochable arrangement de ses pétales.

Ses fleurs, d'une bonne grandeur moyenne, d'un blanc pur, sont formé d'innombrables petits pétales arrondis, serrés, imbriqués avec une régularité toute géométrique, bien étalés, convexes et offrant la plus charmante cocarde blanche qu'on puisse voir. Joignez à sa beauté florale, les autres qualités qu'on recherche dans les Camellias, élégance de port, floraison abondante, épanouissement facile, qualités qu'il possède à un degré éminent, et vous vous direz que c'est là un Camellia de premier ordre.

Camellia Giovanni Rostan

CAMELLIA

GIOVANNI ROSTAN.

ou

CONTESSA GIOVANNI ROSTAN.

M. Miellez, horticulteur à Esquermes lez-Lille, nous a communiqué, il y a deux ou trois ans, ce Camellia qu'il avait reçu d'Italie. Comme chaque année il nous fleurit avec autant d'abondance que de facilité, et que les fleurs en sont réellement fort belles, nous croyons devoir enfin lui donner place dans ce recueil.

Ses fleurs, au-dessus de la grandeur moyenne, appartiennent, en raison de leur imbrication régulière, à la même catégorie florale que les deux précédentes variétés, et sont d'un rose tendre uniforme. Elles sont composées d'amples pétales arrondis à la circonférence, ovales ensuite, du rose que nous avons dit et finement veinés de plus foncé. Ceux du centre, disposé en un cœur évasé, sont traversés par une strie longitudinale blanche.

Camellia Geri.

CAMELLIA

GÉRI.

Dans l'automne de 1857 nous est parvenu cette variété, à laquelle, nous en sommes certain, l'amateur le plus rigoriste n'hésitera à accorder l'épithète superlative de très belle ; et aux deux printemps suivants, elle nous a donné abondamment et facilement des fleurs, dont la figure ci-contre est l'exacte reproduction. Elle nous a été adressé par notre zélé correspondant M. César Franchetti, de Florence, et nous paraît réunir tous les mérites exigés dans les plantes de ce genre et dans la catégorie florale dans laquelle elle vient se ranger (*Perfections*).

Ses fleurs sont de première grandeur, d'un beau rose tendre, interrompu par de larges stries d'un blanc rosé. Les pétales en sont très nombreux, ovales, rétus ou faiblement échancrés au sommet, fort régulièrement imbriqués avec une disposition stelliforme. Le feuillage est fort beau, petit même, plutôt que moyen. C'est un Camellia qui pénétrera de force dans toute bonne collection.

Camellia sofia Chiarugi

CAMELLIA

SOPHIA CHIARUGI.

Nous avons reçu dans l'automne de 1857, d'un de nos bons correspondants florentins, ce Camellia, qui par son excellente facture florale, son beau port, son petit feuillage, etc., mérite sous tous les rapports de figurer et dans ce recueil et dans toute collection de goût. Ses fleurs, d'une grandeur presque première, et qui se produisent nombreuses et d'un très facile épanouissement, ainsi que nous avons pu le constater deux printemps de suite, sont d'un rose frais et vif, et se composent d'amples pétales arrondis, très faiblement échancrés au sommet, et imbriqués avec toute la précision désirable; ceux du cœur, rassemblés en rose, font surtout de ce point un objet attrayant.

Camellia Martha (Buist)

CAMELLIA.

MARTHA (BUIST).

Cette variété, obtenue de semis aux Etats-Unis, nous a été adressée de ce pays, il y a quelques années déjà. Par la forme imbricative et la pureté de son coloris, elle peut lutter de beauté avec tous les Camellias blancs connus jusqu'aujourd'hui. Nous l'avons vue fleurir constamment chaque printemps avec autant de luxuriance que de facilité, et le port et le feuillage en sont particulièrement élégants.

Ses fleurs, de bonne grandeur moyenne, sont formées de nombreux pétales ovales, faiblement échancrés, étalés et imbriqués avec une parfaite régularité. C'est là, somme toute, un bel et bon Camellia.

Camellia Dupont de l'Eure.

CAMELLIA

DUPONT, DE L'EURE.

Gagnée de semis en Italie, et dédiée par l'obtenteur au vénérable Dupont, de l'Eure, cette variété nous a été envoyée toute fleurie au printemps de 1857 par notre zélé correspondant, M. Luzatti de Florence.

Les fleurs en sont petites, mais admirablement bien faites, imbriqués avec toute la régularité désirable et d'un élégant et double coloris, c'est-à-dire rouge cerise à la circonférence et d'un beau rose au centre. Le feuillage en est ample et particulièrement élégant.

Camellia Amelia Bennecci ?

CAMELLIA

AMELIA BENUCCI.

En 1857 encore, nous avons reçu d'Italie ce charmant Camellia, qui, bien que ses fleurs ne soient que de grandeur moyenne, peut disputer la palme de la beauté à tous ceux dans la catégorie desquels sa forme et ses panachures le placent nécessairement.

Ces fleurs, qui n'ont cependant pas moins de $0^m,08^1/_2$-9 de diamètre, sont d'un beau rose interrompu par d'assez larges stries blanches, et formées de grands pétales arrondis bien étalés et imbriqués très régulièrement.

Camellia Paolina Maggi

CAMELLIA

PAOLINA MAGGI.

Pour la première fois, au printemps dernier, nous avons vu fleurir ce Camellia, auquel on peut accorder sans exagération l'épithète de magnifique sous tous les rapports et l'un des plus beaux connus dans les *rouges uniformes foncés*. Nous le tenons de notre honorable correspondant florentin, M. César Franchetti, qui nous l'a envoyé, il y a deux ans environ.

Les fleurs en sont à peu près de première grandeur (10 à 11 centimètres de diamètre), et d'un rouge cerise carminé très vif. Les pétales en sont amples, arrondis, subéchancrés, convexes, étalés et imbriqués avec toute la régularité désirable ; au centre, ils se redressent, se serrent et forment la rose. Le port, le feuillage et la facilité d'épanouissement floral nous ont semblé ne rien laisser à désirer.

Camellia Storeyii

CAMELLIA

STOREYII.

Obtenue de semis, il y a quelques années, par MM. Veitch et fils, horticulteurs à Exeter (Angleterre), cette variété méritait certainement une place dans ce recueil, comme bel et bon Camellia, bien digne assurément de faire partie de toute collection de goût. Chaque printemps il nous fleurit avec abondance et facilité; le port et le feuillage en sont élégants.

Ses fleurs sont très grandes (10 centimètres de diamètre au moins), et se composent de très grands pétales, égaux (ceux du centre à peine plus petits), ovales-arrondis, presque entiers, étalés et parfaitement imbriqués, d'un rose tendre, très pâle aux bords (ce qui les fait paraître comme bordés de blanchâtre), et délicatement réticulés-veinés de cramoisi.

Camellia Ernesta Visconti.

CAMELLIA

ERNESTA VISCONTI.

Parmi les blancs, ses congénères immédiats, celui-ci se distingue au premier aspect par l'ampleur toute particulière et la forme ovée de ses pétales, et par les dimensions de son beau feuillage.

Ses fleurs sont très grandes (10 centimètres au moins de diamètre), et composées de pétales assez peu nombreux, conformes, comme nous l'avons dit, très étalés, bien imbriqués, d'un blanc pur, avec une teinte citrine au centre.

Il y a trois ou quatre ans que nous le possédons et qu'il nous fleurit chaque année avec une luxuriance et une facilité bien constatées. Nous en devons la communication à M. Luzzati, l'un de nos zélés correspondants florentins.

Camellia Conta di Genova

CAMELLIA

DUCA DI GENOVA.

Comme le précédent, cette variété est d'origine italienne et nous est parvenue à la même époque. Nous pouvons également en garantir les qualités exigées d'un bon Camellia, c'est-à-dire l'abondance des fleurs et leur facile développement.

Les fleurs en sont aussi très grandes (plus de 10 centimètres de diamètre), et d'un beau rose, uniforme, ou plutôt obsolètement strié de blanc au centre. Les pétales qui les composent en sont amples, bien étalés, régulièrement imbriqués, biformes; ceux de la périphérie plus grands, arrondis, faiblement lobulés; les autres ovales-lancéolés, aigus.

Camellia Archiduchesse Marie.

CAMELLIA

ARCHIDUCHESSE MARIE.

Obtenue de semis, il y a quelques années déjà par M. Defresne, et cédée par lui à M. Van Houtte, qui l'a mise dans le commerce, cette variété par la beauté de sa fleur est toujours nouvelle pour les amateurs et s'impose d'elle-même à leurs collections.

C'est par la parfaite imbrication de ses pétales l'une des plus remarquables *Perfections* qu'on connaisse jusqu'aujourd'hui. Le coloris, selon l'exposition et la culture est ou rouge cerise ou rose, et toujours orné d'amples fascies blanches. Les pétales en sont nombreux, petits, arrondis et constituent une fleur de grandeur plus que moyenne. Depuis que nous la possédons, nous avons été complètement satisfait de l'élégance de son port, de l'abondance et de l'épanouissement facile de ses fleurs.

Camellia Rose la Reine.

9.

CAMELLIA

ROSE LA REINE.

Originaire d'Italie, d'où nous l'avons reçu, il y a trois ou quatre ans, ce Camellia offre à l'amateur des beautés de premier ordre : c'est tout d'abord une très grande ampleur florale, une forme de rose parfaite, un coloris rose-carminé uniforme ; puis un noble port, un beau feuillage.

Ses fleurs n'ont pas moins de dix centimètres de diamètre, comme chez les roses *Ile-Bourbon* et autres, les pétales des premiers rangs externes sont très amples, arrondis, étalés ; les suivants beaucoup plus petits au centre, se redressent et forment un cœur serré.

L'abondance de ces fleurs, leur prompt et facile épanouissement, l'élégance et du port et du feuillage, tout, depuis que nous le possédons, nous a paru irréprochables.

Camellia tricolor plenissima

CAMELLIA

TRICOLOR PLENISSIMA.

Nous devons la communication de ce Camellia à MM. Burdin, aîné et Ce, de Milan, de qui nous avons reçu notre plante mère. Sa forme florale, imitant absolument celle des *Anémones*, et *pleine*, comme elles, fait un aimable contraste avec les *Perfections*, si ordinaires dans les collections. Depuis cinq ou six ans que nous le voyons chaque printemps nous prodiguer avec autant de luxuriance que de facilité ses élégantes fleurs, nous avons pu nous assurer qu'il réunit toutes les qualités qu'on est en droit d'exiger d'un bon Camellia.

Ses fleurs, de grandeur bien au-dessus de la moyenne (0,10 de diamètre), se composent aux rangs externes de très grands pétales, un peu difformes, bien étalés; au centre, ils se rappétissent tout-à-coup, se serrent et forment, comme chez les fleurs auxquelles nous les comparons, un cœur un peu chiffonné. Leur coloris, d'un fond rose pâle, est richement maculé, fascié, strié et pointillé de cramoisi à la fois.

Camellia Imbricata Guicciardini

CAMELLIA

IMBRICATA GUICCIARDINI.

Il y a deux ans à peine que nous a été envoyé ce beau Camellia par M. César Franchetti, de Florence, et au printemps de cette année nous avons pu constater *de visu* le bien qu'il nous en avait dit, et nous nous hâtons avec plaisir de le faire connaître à nos amateurs.

Ses fleurs dépassent dix centimètres de diamètre, sont d'un beau rose tendre avec de larges fascies longitudinales plus pâles et appartiennent par la régularité de leur imbrication à la catégorie dite des *Perfections*. Les pétales en sont très amples, arrondis, presque entiers, égaux; au centre même, ils sont un peu plus petits, ovales, dressés et serrés en cœur. C'est là une très belle nouveauté, bien digne de figurer dans les collections les plus épurées.

Camellia Prince Eugène Napoléon

CAMELLIA

PRINCE EUGÈNE NAPOLÉON.

En jetant un simple coup-d'œil sur l'exacte figure ci-jointe, les amateurs les plus difficiles seront d'accord avec nous pour proclamer ce nouveau Camellia comme l'un des plus beaux qu'on ait obtenus depuis longtemps. C'est, en effet, par ses formes élégantes et irréprochables, une perfection parmi les *Perfections*.

L'obtenteur de ce beau gain est M. De Coster, horticulteur à Melle-lez-Gand; il se propose de le mettre sous peu dans le commerce, et, dans l'intérêt de nos nombreux clients pour ce beau genre, nous nous sommes hâté de souscrire à une forte partie de l'édition.

Ses fleurs, de grandeur au-dessus de la moyenne, sont formées de petits et très nombreux pétales, arrondis, égaux, assez profondément bilobés au sommet, imbriqués avec la plus rigoureuse perfection, tous d'un rouge cerise très vif. Le feuillage en est très ample, le port élégant; la floraison en est garantie aussi abondante que facile.

Camellia Carolina Franzini

CAMELLIA

CAROLINA FRANZINI.

Reçue d'Italie, son pays natal, il y a deux ans environ, cette variété, que nous avons vue fleurir deux printemps de suite avec toute la luxuriance et la facilité désirables, *Perfection* elle-même, dans le sens jardinique rigoureux de ce mot, peut lutter de beauté avec la précédente, et lui fera une opposition avec son coloris tout autre.

Ses fleurs sont très grandes, formées de très nombreux et amples pétales arrondis, entiers ou presque entiers, imbriqués avec une régularité parfaite, sont d'un blanc pur, avec une teinte sulfurine au cœur, et ornées de très rares stries solitaires d'un rose tendre.

Ces deux Camellias seront les perles d'un nouvel écrin d'amateur.

Camellia Conte di Soranzo.

CAMELLIA

CONTE DI SORANZO.

Nous devons la communication de ce bel et curieux Camellia à nos correspondants florentins, MM. Sylvestre Grilli et Ce, qui nous l'ont adressé au printemps de 1856, époque à laquelle, il nous a fleuri aussi avec toute la perfection désirable. La disposition de ses fleurs d'une bonne grandeur moyenne, tient à la fois des *Perfections* proprement dite, par l'imbrication régulière des pétales de la circonférence et des rangs intermédiaires, ensuite des *Anémonéformes* par le rapprochement un peu chiffonné de ceux du centre. Le fond général du coloris est un beau rose, passant presqu'au blanc vers le milieu, tandis que le cœur reprend la première teinte.

Ce Camellia d'une bonne tenue, fleurissant facilement et abondamment conquérera une honorable place parmi ses congénères, auxquelles il opposera l'aimable contraste de sa forme.

Camellia Baronessa Coll:

CAMELLIA

BARONESSA COLLI.

Encore une *Perfection*, mais une perfection remarquable par l'extrême ampleur de ses pétales, ovés, entiers ou à peu près, bien étalés et fort régulièrement imbriqués, constituant de très belles fleurs de grandeur au-dessus de la moyenne, le tout d'un beau rose vif, avec quelques larges fascies blanches vers le centre.

Reçue au printemps de 1856, en compagnie d'autres belles variétés à nous adressées par M. Franchetti, de Florence, nous l'avons vue trois printemps de suite avec toutes les qualités exigées d'un bon Camellia ; ce qui nous a décidé à l'admettre cette année dans notre recueil.

Camellia Scipione l'Africano.

CAMELLIA

SCIPIONE L'AFRICANO.

Cette variété nous a été communiquée, il y a quatre ans environ, par l'un de nos zélés correspondants italiens, M. Luzzati, de Florence, où il a été obtenu de semis.

Ses fleurs de bonne grandeur moyenne, sont d'un beau rose, et ornées de nombreuses et fines stries, rapprochées en bandelettes et d'un blanc pur. Les pétales qui les composent, sont bien imbriqués, ovés-oblongs, rétus ou faiblement échancrés au sommet. Les plus extérieurs sont arrondis; tous sont longitudinalement traversés par les bandelettes que nous avons dites. Le feuillage en est petit, mais fort élégant. Elle offre enfin toutes les qualités qu'on puisse désirer dans un bon Camellia.

AVIS RECTIFICATIF.

Nous venons de recevoir de notre correspondant ordinaire M. César Franchetti, de Florence, une lettre dans laquelle il rectifie ainsi les faits suivants :

« Par un changement d'étiquettes, qui n'est point de mon fait, les Camellias *Paolina Maggi* et *Carolina Franzini* qui vous ont été adressés et que vous avez récemment décrits et figurés sous ces noms, doivent changer ces dénominations ainsi : *Paolina Maggi* est le véritable *Carolina Franzini*; celui-ci est le *Margherita Coleoni*..... etc. »

Nous prions nos abonnés de tenir bonne note de cette double rectification, réformant une erreur regrettable et que nous ne pouvions soupçonner, habitués que nous sommes à l'exactitude synonymique de nos correspondants italiens.

Nous allons dans une prochaine livraison donner la figure du véritable *C. Paolina Maggi*, variété à fleurs imbriquées, d'un blanc de neige, strié de rose, à cœur d'un jaune paille : plante magnifique.

A. V.

Camellia [illegible]

CAMELLIA

PIRZIO SECONDO.

Nous avons reçu ce Camellia à la même époque et en même temps que le précédent et du même correspondant.

Ses fleurs, au-dessus de la grandeur moyenne, outre l'élégance particulière de leur coloris, offre absolument la forme d'une grande et belle rose *Thé* : avantage précieux dans une collection, pour former un heureux contraste avec ses nombreux congénères *Perfections*. Les nombreux pétales, en effet, dont elles sont composées, sont tous orbiculaires, presque entiers, relevés, cucullés, serrés; au centre ils forment un cœur épais. Le coloris est un rose tendre, délicat, qui s'ondule largement aux bords et passe au blanc pur.

C'est une variété digne de l'attention de l'amateur le plus difficile: et chaque printemps, elle nous fleurit avec toute la luxuriance et la facilité désirables.

Camellia Federici

CAMELLIA

FEDERICI.

Nous possédons depuis quelques années déjà cette curieuse variété, que nous a communiquée M. F. Mariani, horticulteur milanais.

Nous la disons *curieuse;* nous pouvons aussi sans exagération l'appeler *belle;* et la figure que nous en donnons ci-contre justifiera, ce nous semble, ces deux épithètes aux yeux de nos lecteurs.

Ses fleurs de plus de dix centimètres de diamètre, affectent, par leur centre un cœur plein et serré, leurs grands pétales arrondis, cucullés, étalés et légèrement redressés, la forme de l'*Anemone* des jardins à fleurs pleines. Le coloris d'une teinte particulière, d'un rouge sang sombre, presque noir au moment où la fleur s'entr'ouvre, ajoute encore à ces distinctions; et un ample feuillage d'un vert foncé, complète l'ensemble. Enfin chaque année, elle nous fleurit avec autant d'abondance que de facilité.

Camellia Cosmopolitana

CAMELLIA

COSMOPOLITANA.

Notre bienveillant correspondant, M. le comte Bernardino Lechi, de Brescia (Italie), nous a adressé dans l'automne de 1856, cette nouvelle variété remarquable par l'ampleur de ses fleurs et leur gai coloris rose, orné au centre de fascies blanches, peu marquées.

L'imbrication pétalaire en est régulière. Les pétales des rangs extérieurs sont très amples, arrondis, convexes, étalés, plus ou moins entiers. Au centre, ils diminuent tout-à-coup de grandeur, sont ovales, serrés et disposés en cœur ouvert.

C'est en somme un bel et bon Camellia, réunissant toutes les qualités qu'on en exige, beau port, beau feuillage, floraison abondante et facile.

Camellia Prince de Salerne

CAMELLIA

PRINCE DE SALERNE.

Nous tenons cette variété de M. Prudent Besson, horticulteur à Turin, qui nous l'a envoyée il y a quelques années. Comme elle nous fleurit chaque printemps avec autant de luxuriance que de facilité, que ses fleurs, ainsi qu'en pourra juger le lecteur par la belle et exacte figure ci-contre, sont réellement belles et élégantes à la fois, nous nous sommes empressé à l'admettre dans ce recueil.

Ses fleurs, d'une *bonne* grandeur, participent à la fois de la nature des *Perfections* et des Rosiformes : ainsi par ses premiers rangs de pétales, grands, largement arrondis et parfaitement imbriqués, elle appartient à la première catégorie, tandis que ceux du centre et les voisins se redressent et *font* la rose. Le ton général est d'un rose vif, carminé, interrompu par quelques fines stries blanches, partageant, mais d'une façon interrompue, chaque pétale en deux parties.

Camellia compacta alba

CAMELLIA

COMPACTA ALBA.

Des fleurs de première grandeur, douées d'une irréprochable imbrication pétalaire, d'une blancheur pure, avec une légère teinte sulfurine, par transparence, un feuillage superbe, une floraison facile, abondante, recommandent cette variété aux amateurs les plus difficiles; c'est un des plus beaux Camellias blancs connus.

Il nous a été communiqué à l'automne de 1856 par M. Gaines, horticulteur à Londres, qui l'a obtenu de semis.

Ces fleurs, que nous venons d'apprécier en quelques mots, n'ont pas moins de 10 1/2 centimètres de diamètre, et se composent de grands et nombreux pétales parfaitement imbriqués, arrondis, délicatement partagés au sommet en deux lobes. Elles se sont montrées chaque printemps dans nos serres avec une luxuriance peu ordinaire, et leur épanouissement s'est toujours opéré avec la plus grande facilité.

Camellia spinco var rosea.

CAMELLIA

SPINEO VAR. ROSEA.

Des fleurs petites, sans doute, mais de l'ensemble le plus élégant, le plus régulier, d'un rose délicat et tendre ; un feuillage petit aussi, mais d'un gracieux aspect, telles sont les qualités qui, chez ce Camellia, nous ont frappé.

Cette gracieuse miniature est le produit d'un *Lusus Naturæ* (un jeu de la nature) qui s'est montré sur une branche du *Camellia Spineo,* dont les fleurs sont blanches, comme on sait : *Lusus Naturæ,* qu'a fixé la greffe, ainsi qu'on l'a fait pour tant d'autres productions de la même sorte, telles que les *C. Comte de Paris, Duc de Chartres, de la Reine rosea*, etc.

Malgré l'exiguité relative des fleurs, celles-ci sont formées de nombreux et assez amples pétales arrondis, bien étalés et imbriqués avec une parfaite régularité.

Camellia Candida

CAMELLIA

TRACKIR.

Au printemps de 1858, M. Sangalli, horticulteur à Florence, a bien voulu nous communiquer ce magnique Camellia, qui nous a fleuri cette année-là et celle-ci (1859) avec une luxuriance, une abondance extraordinaires.

Il mérite, selon nous, à tous égards, l'épithète que nous venons de lui appliquer, par ses fleurs de première grandeur, d'un rose vif à la circonférence, tendre au centre; fleurs formées de grands et nombreux pétales largement ovales, entiers et comme aigus au centre, arrondis, lobulés chez ceux de la périphérie : chacun d'eux traversé par une bandelette d'un rose pâle, qui contribue à la beauté de l'ensemble.

Le port en est svelte, élégant; le feuillage grand et d'un beau vert.

Camellia Rosina Venturi.

CAMELLIA

ROSINA VENTURI.

Voici de l'aveu de tous les *Camelliophilles* qui l'ont examiné, l'un des plus beaux *rosiformes* connus : fleur très ample, et du rose le plus frais ; forme irréprochable, pleine dans l'acception jardinique de ce mot, et très serrée, toutes ces qualités justifient largement l'éloge qui vient d'en être fait.

Nous l'avons reçu dans l'automne de 1858 de notre correspondant M. César Franchetti, de Florence, et il nous a fleuri au printemps de 1859 avec une grande luxuriance. L'épanouissement floral s'est effectué avec beaucoup de facilité. Tout concourt donc à nous mettre en demeure de le recommander aux amateurs comme un excellent camellia. Le dessin, ci-joint, comme au reste, la presque totalité de ceux de ce recueil a été fait dans notre établissement et sous nos yeux.

Camellia Andica Dora

CAMELLIA

ANDREA DORIA.

Cette variété est sans contradiction possible, une *perfection* parmi les *perfections*, nulle en effet, dans cette brillante catégorie, n'offre une régularité plus parfaite dans l'imbrication de ses pétales, une forme plus élégante, un coloris plus éclatant, un feuillage plus distinct !

Nous l'avons reçue d'Italie il y a deux ou trois ans, et chaque printemps nous l'avons vue, avec une abondance et une facilité remarquables, nous offrir ses fleurs de grandeur moyenne, il est vrai, mais comme nous l'avons dit, d'une forme parfaite, ses feuilles amples et belles, largement ovées-lancéolées, sont bordées de dents notablement plus grandes que chez les congénères. Le coloris en question est d'un rouge cerise vif, avec de rares stries d'un blanc indécis.

Camellia delicata amœna

CAMELLIA

DELICATA AMOENA.

La double épithète, jointe à cette nouvelle variété, ne saurait lui être contestée et le lecteur, en jetant un coup d'œil sur l'exacte figure que nous en donnons ci-contre, peut s'assurer si nous sommes dans le vrai et sûr de son approbation, nous ajouterons que c'est là bien certainement aussi un camellia de premier ordre.

Il a été gagné dans notre établissement et depuis deux ou trois ans, il nous a fleuri avec une abondance, une facilité, une *constance* qui nous mettent à même d'en garantir ces qualités aux amateurs en faveur de qui nous nous sommes empressé de le multiplier.

Les fleurs en sont de grandeur au-dessus de la moyenne, et formées de grands pétales ovés, échancrés au sommet, régulièrement étalés, imbriqués, d'un blanc rose *délicat*, fascié et piqueté de rose vif. Belle tenue, beau feuillage.

Camellia Guerriera

CAMELLIA

GUERRIERA.

Joli camellia, remarquable parmi les *Perfections*, ses congénères immédiats par l'ampleur des pétales qui composent ses fleurs, d'une bonne grandeur moyenne, et d'un rose vif; pétales arrondis à peine échancrés et imbriqués comme de raison, avec une régularité parfaite.

Il nous a été communiqué dans l'automne de 1856 par un de nos correspondants italiens, M. le comte B. Lechi, de Brescia; et depuis nous l'avons vu fleurir chaque printemps dans nos collections avec toutes les qualités qui constituent un bon camellia; circonstances qui nous ont décidé à l'admettre dans ce recueil et à le recommander aux amateurs.

Camellia William Penn

CAMELLIA

WILLIAM PENN.

Un de nos correspondants des États-Unis d'Amérique nous adressa vers les premiers jours du printemps de l'an dernier, ce Camellia, lequel, couvert de boutons, épanouit bientôt dans nos serres avec autant d'abondance que de facilité ses élégantes fleurs, où le blanc pur dispute la place au rose le plus frais, double coloris agencé chez elles d'une façon peu ordinaire et qui leur donne un attrait tout particulier.

Leurs pétales, parfaitement imbriqués du reste, ovales-arrondis, sont disposés de telle sorte, que les rangs de la circonférence, imbriqués et serrés, forment avec ceux du centre, étalés en étoile, un fort agréable contraste. C'est là certes, une excellente variété, aussi originale que distincte dans la catégorie à laquelle elle appartient.

Camellia Léon Leguay.

CAMELLIA

LÉON LEGUAY.

C'est à notre confrère, M. Miellez, de Lille, que nous sommes redevable de la communication de ce Camellia, qui est, certes, une perfection parmi les *Perfections*, et dont l'ensemble floral, grâce au nombre, à la petitesse et à l'arrangement imbricatif et serré, rappelle celui de certain Dahlias estimés. Nous l'avons reçu en septembre 1858, et nous sommes empressé de le multiplier, en faveur de nos clients, dont il n'est pas un, nous le croyons, qui ne veuille le posséder.

Un coup-d'œil jeté sur l'exacte figure, placée en regard de cette notice, dira au lecteur, si notre comparaison est juste; pour nous, malgré notre longue expérience, nous ne connaissons pas une Perfection qui offre dans ses fleurs, d'une grandeur moyenne et d'un coloris cerise vif, uniforme, avec une imbrication plus parfaite, autant de pétales, dont l'arrangement et la disposition cucullée justifient mieux notre assertion.

Port, feuillage, abondance des fleurs, épanouissement, nous pouvons répondre de ses qualités sous ces rapports divers. Devons-nous ajouter que nous l'avons multiplié avec empressement?

Camellia Bonomiana

CAMELLIA

BONOMIANA.

Obtenu de semis par M. Sangalli, de Milan, ce Camellia nous a été envoyé vers la fin de 1858 par nos honorables correspondants MM. Pallazzi, de Venise, et au printemps de 1859, il nous a parfaitement fleuri. Émerveillé de la beauté exceptionnelle et du coloris si élégamment maculé et strié de carmin sur fond blanc pur de ses grandes fleurs, nous nous sommes empressé de le faire figurer pour en orner ce recueil.

La disposition de ces macules et de ces stries rappelle les variétés dites *Caryophylloïdes* ou *OEillets flamands*, mais il n'en est aucune, parmi celles-ci, que nous sachions, qui puisse rivaliser avec la nouvelle pour la pureté et la netteté du coloris. En outre, dans les perfections parmi lesquelles la place la disposition de ses pétales, nulle n'offre à un plus haut point de régularité l'imbrication et l'élégance de la forme de ses grands pétales arrondis.

Un port particulièrement élégant, un ample feuillage, d'abondantes fleurs d'un développement aisé, ajoutent aux mérites transcendants de ce Camellia, que nous possédons déjà en jolis individus disponibles.

Camellia rosea transparens

CAMELLIA

ROSEA TRANSPARENS.

L'épithète accolée à cette variété, est sans doute *d'une latinité un peut forcée*, mais exprime bien le caractère qui la distingue à un haut degré, une translucidité ou *transparence* parfaite, à travers la gracieuse ténuité des pétales.

Nous la tenons de l'obligeance d'un de nos amis d'Italie, qui nous l'a adressée dans le courant de 1858, et nous avons eu le plaisir de la voir splendidement fleurir dans nos serres au printemps de 1859, époque à laquelle nous avons fait exécuter d'après nature le portrait fidèle annexé ci-contre. C'est une de ces plantes, qui par la beauté et les grâces de l'ensemble floral s'imposent d'elles-mêmes au choix des amateurs. En outre elle possède les qualités exigées dans ce genre, abondance des fleurs, facilité d'épanouissement, etc.

Elle appartient, en raison de l'imbrication régulière de ses pé- à la catégorie des *Perfections*, parmi lesquelles elle se distinguera par son frais coloris rose, bleuissant légèrement à la circonférence, et orné au centre de quelques stries médianes d'un blanc pur.

Camellia Madame Domage

CAMELLIA

MADAME DOMAGE.

Il n'est pas un amateur, quelque difficile qu'il puisse être, qui ne doive avouer que le Camellia dont il s'agit est des plus beaux gains qu'on ait encore obtenus dans ce beau genre. Il a été gagné de semis en Italie, d'où l'avait reçu feu M. Miellez, horticulteur à Lille, qui en avait acheté l'édition et l'a mis dans le commerce il y a quelques mois seulement. Nous le tenons de notre côté à la disposition des amateurs.

Sa forme est celle d'une belle rose d'une régularité parfaite, composée de nombreux pétales parfaitement arrondis, imbriqués, à bords curieusement relevés, d'une rose plus pâle que le fond, qui est rose vif, uniforme. Port élégant, beau feuillage, floraison facile et abondante; cette belle et nouvelle variété ne laisse rien à désirer.

Camellia Général Dufour.

CAMELLIA

GÉNÉRAL DUFOUR.

Nous devons la communication de cette excellente variété à M. César Franchetti, notre honorable correspondant à Florence, où il est né de graine. C'est une *perfection* dans le sens le plus absolu de ce mot jardinique, et une perfection remarquable par la beauté transcendante de ses fleurs.

Celles-ci sont de première grandeur, d'un rose d'une teinte toute particulière, tirant sur le rouge brique vif, avec de nombreuses et larges bandes blanches, occupant le milieu des pétales, lesquels, imbriqués avec toute la régularité désirable, sont très-amples, arrondis, élégamment et largement bilobulés. Depuis deux ou trois ans que nous le possédons, nous en avons été satisfait sous tous les rapports.

Camellia Alba Delecta

CAMELLIA

ALBA DELECTA.

Obtenue de semis dans notre établissement; cette variété nous fleurit depuis deux ou trois printemps, avec une facilité, une luxuriance et une constance que nous pouvons garantir, et la beauté incontestable de ses fleurs, leur curieuse disposition, dont on trouve quelques rares exemples, nous a décidé à l'admettre dans notre recueil.

Elle appartient à la catégorie des blancs purs, dans les *perfections*. Les nombreux pétales qui en composent les fleurs, affectent trois formes (caractère distinctif de cette excellente variété) : ils sont arrondis à l'extérieur, ovales-obtus à l'intérieur, lancéolés au centre, puis ils forment une sorte d'étoile à six rayons, dont chacune avec une imbrication parfaite. Au centre seulement, ils se rappetissent en un cœur serré!

Camellia Madame Lepin

CAMELLIA

MADAME PÉPIN.

Très-jolie, très-coquette, très-distincte variété, dont nous devons encore l'introduction ou au moins la communication à feu M. Miellez, et que nous nous hâtons de multiplier, dans l'espoir fondé qu'elle plaira généralement à tous les amateurs.

Ses fleurs, de grandeur plus que moyenne, présentent une double forme, ou, si l'on veut, deux sortes de pétales, et un triple coloris; à cela joignez l'imbrication la plus parfaite qui se puisse voir. En effet, les pétales des rangs de la circonférence sont amples et arrondis, entiers, d'un rouge cerise vif: les suivants, semblables par la forme, sont d'une rose tendre; près du centre, ils se montrent tout-à-coup, petits, ovales, étalés en forme de Dahlias d'un rose tendre, bordé de blanc; au centre, plus petits encore, ils sont cucullés, rouges et à bords relevés.

Ce Camellia, aussi beau que curieux, nous a paru posséder les qualités ordinaires requises pour être admis dans les collections. Aussi nous sommes nous hâté de le multiplier pour en mettre de jolis individus à la disposition des amateurs.

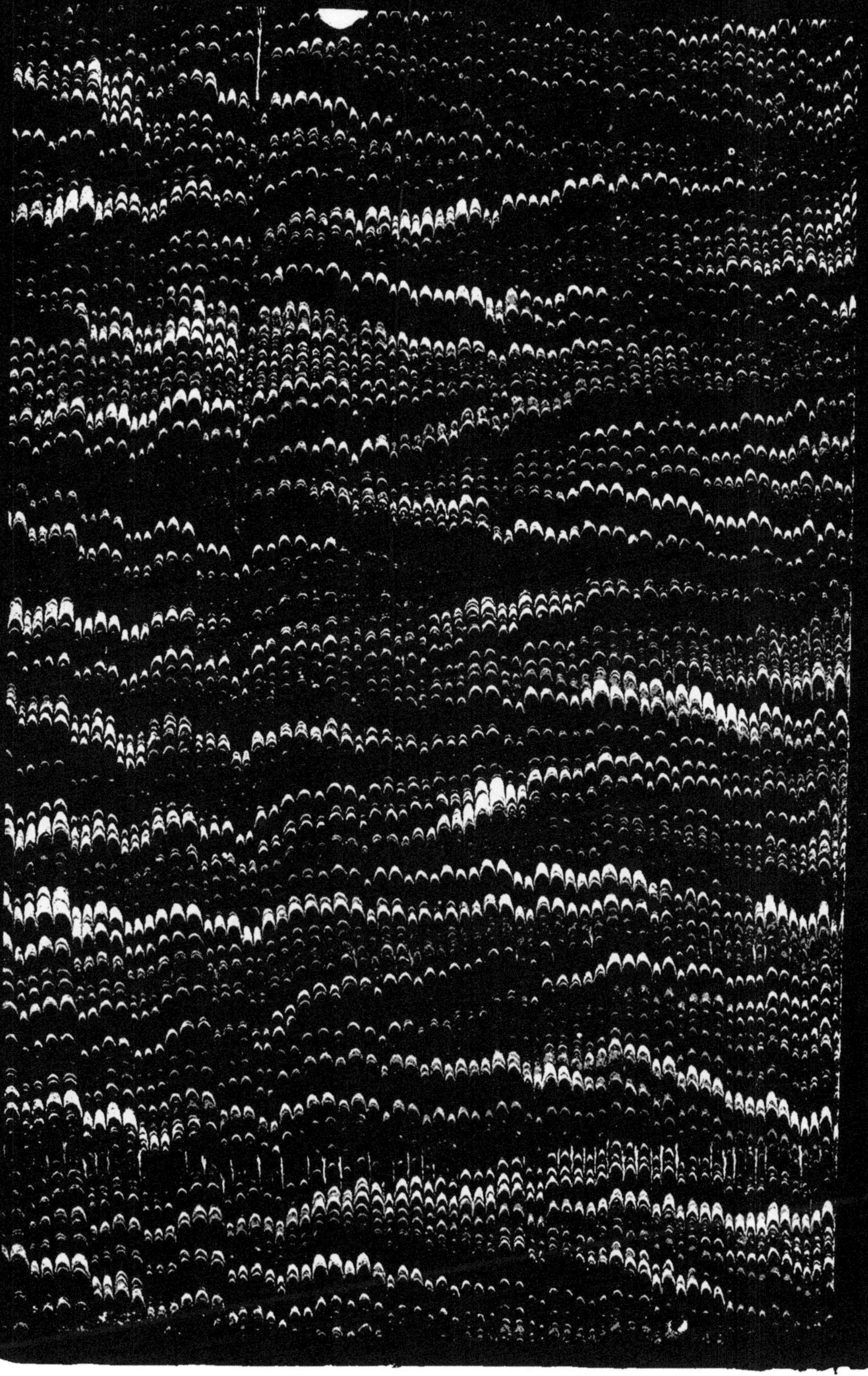

www.ingramcontent.com/pod-product-compliance
Ingram Content Group UK Ltd.
Pitfield, Milton Keynes, MK11 3LW, UK
UKHW020108200726
13856UKWH00002B/441